EL PRINCIPIO DE LOS

I0883311

murciélagos BEBÉS

MEG GREVE

CREATIVE EDUCATION • CREATIVE PAPERBACKS

CONT

ENIDO

Soy un cachorro de murciélago 4

Necesito a mi mamá 6

Vivo con amigos 8

Puedo volar 10

Habla y escucha 12

Palabras relacionadas con los cachorros de murciélago 14

Índice alfabético 16

SOY UN CACHORRO DE MURCIÉLAGO.

Soy un murciélago bebé.

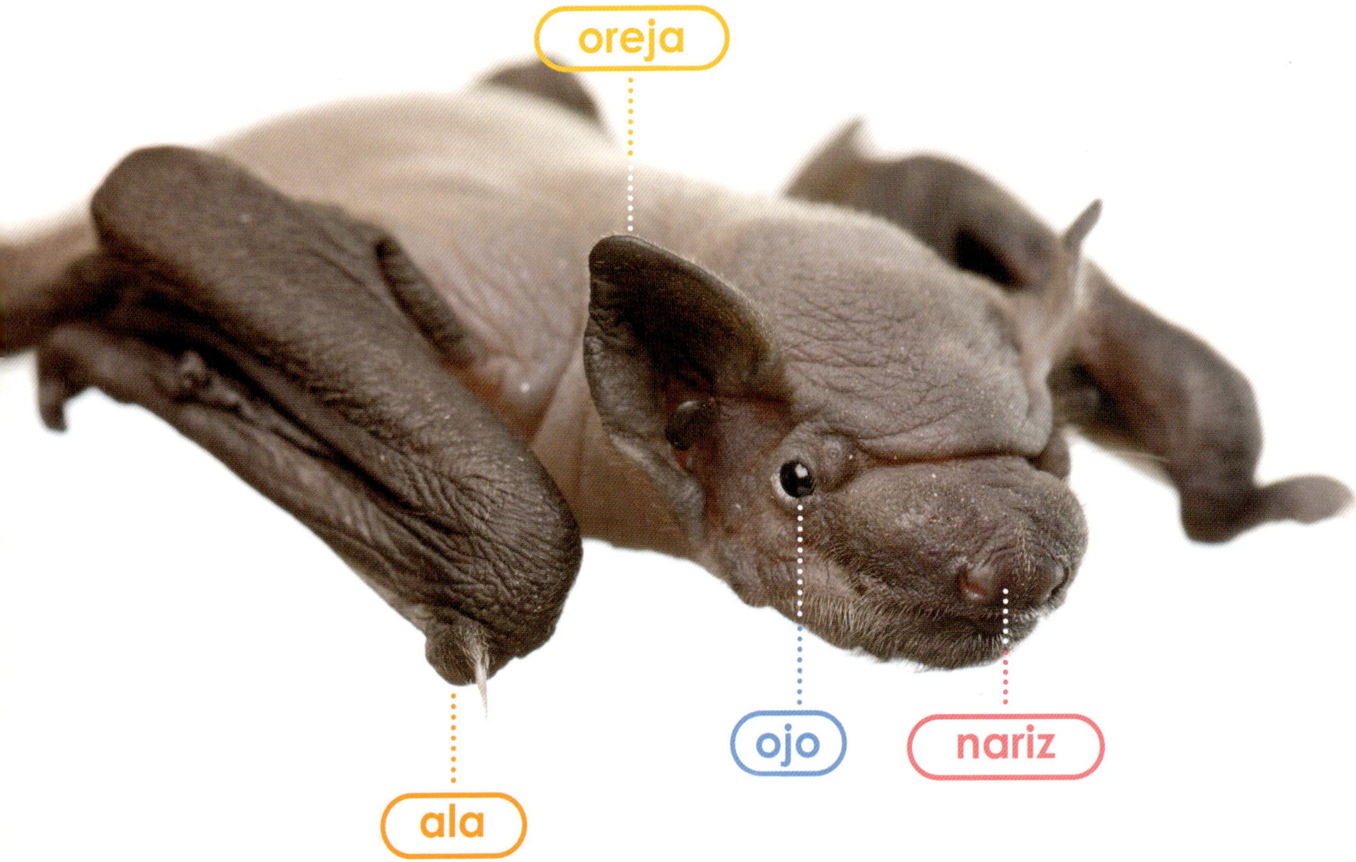

Nací sin pelo. Crecerá más adelante.

Uso mis garras para agarrarme a mi mamá.

Tomo la leche de mi mamá.

Yo vivo con muchos murciélagos.

Somos una colonia.

Dormimos todo el día.

Nos colgamos boca abajo en una cueva.

Yo vuelo,
pero no soy
un pájaro.

Después de seis semanas,
puedo volar.
Puedo cazar insectos.

¡Ahora puedo cuidarme solo!

HABLA Y ESCUCHA

RRPP!

¿Puedes hablar como un cachorro? Las crías de murciélago chillan y emiten sonidos agudos.

Escucha estos sonidos:

https://www.youtube.com/watch?v=5ZhuDsdSjgs

¡Ahora es tu turno!

PALABRAS RELACIONADAS CON LOS CACHORROS DE MURCIÉLAGO

colonia: un grupo de murciélagos que viven juntos

cueva: una abertura bajo tierra

garras: uñas afiladas en las patas de un murciélago

insectos: bichos

ÍNDICE ALFABÉTICO

cazar 11
colonia 8
cueva 9
dormir 8
garras 6
insectos. 11
leche 7
mamá 6,7
pelo 5
volar. 10,11

PUBLICADO POR CREATIVE EDUCATION Y CREATIVE PAPERBACKS
P.O. Box 227, Mankato, Minnesota 56002
Creative Education y Creative Paperbacks son sellos editoriales de The Creative Company
www.thecreativecompany.us

LIBRARY OF CONGRESS CATALOGING-IN-PUBLICATION DATA
Names: Greve, Meg, author.
Title: Murciélagos bebés / Meg Greve.
Other titles: Baby bats. Spanish
Description: Mankato, Minnesota : Creative Education and Creative Paperbacks, [2025] | Series: El principio de los | Includes index. | Audience: Ages 4-7 | Audience: Grades K-1 | Summary: "Introduce beginning readers to the winged world of baby bats with this life science starter, in North American Spanish. Includes photos, a labeled animal diagram, "Make a Noise" section, and glossary"—Provided by publisher.
Identifiers: LCCN 2024019453 (print) | LCCN 2024019454 (ebook) | ISBN 9798889894810 (library binding) | ISBN 9781682777022 (paperback) | ISBN 9798889894919 (ebook)
Subjects: LCSH: Bats--Juvenile literature. | Bats--Infancy--Juvenile literature.
Classification: LCC QL737.C5 G69318 2025 (print) | LCC QL737.C5 (ebook) |
DDC 599.413/92--dc23/eng/20240510

DISEÑO Y PRODUCCIÓN
Diseño por Rhea Magaro
Producción de Beeline Media and Design, Inc.
Dirección artística de Tom Morgan

FOTOGRAFÍAS de Alamy Stock Photo/cbstockfoto, 7, Goss Images, 11, MYN / Paul van Hoof, 4; Dreamstime/ Picstudio, 2, 12; Freep!k/ jl.lago, cover; Getty Images/ peters99, 10; Shutterstock/ Bohbeh, 13, Goensaja, 5, I Wayan Sumatika, 9, Nico Faramaz, 14, Nitin Chandra, 6, pzAxe, 8

Impreso en China